经典科普图鉴系列

动物

余大为　韩雨江　李宏蕾◎主编

吉林科学技术出版社

图书在版编目（CIP）数据

动物 / 余大为，韩雨江，李宏蕾主编. -- 长春：
吉林科学技术出版社，2024.4
（经典科普图鉴系列）
ISBN 978-7-5744-1257-6

Ⅰ．①动… Ⅱ．①余… ②韩… ③李… Ⅲ．①动物—
儿童读物 Ⅳ．① Q95-49

中国版本图书馆 CIP 数据核字（2024）第 069964 号

经典科普图鉴系列　动物

JINGDIAN KEPU TUJIAN XILIE DONGWEU

主　　编　余大为　韩雨江　李宏蕾
出 版 人　宛　霞
责任编辑　朱　萌
助理编辑　刘凌含
制　　版　长春美印图文设计有限公司
封面设计　长春美印图文设计有限公司
幅面尺寸　260 mm×250 mm
开　　本　12
印　　张　11
页　　数　132
字　　数　150千
印　　数　1-6 000册
版　　次　2024年4月第1版
印　　次　2024年4月第1次印刷

出　　版　吉林科学技术出版社
发　　行　吉林科学技术出版社
地　　址　长春市福祉大路5788号
邮　　编　130118
发行部电话 / 传真　0431-81629529　81629530　81629531
　　　　　　　　　　81629532　81629533　81629534
储运部电话　0431-86059116
编辑部电话　0431-81629518
印　　刷　长春百花彩印有限公司

书　　号　ISBN 978-7-5744-1257-6
定　　价　49.00元

前　言

　　在自然王国中，生命的奇迹无处不在，神奇的大自然之手创造了无数生物，它们跟我们生活在同一个星球。它们顺应着变换的自然环境，顽强追逐着明日的朝阳。从南极到北极，从赤道到寒带，从非洲草原到热带雨林，再从荒凉沙漠到深邃大海，本书将带读者踏遍地球的每一个角落，将无数动物的身姿呈现在读者面前，让大家了解它们的体貌特征和生活习性，以及它们对维持地球生态平衡的独特意义。同时，大家还能看到动物们展现出的独特生命光彩和绝妙的生存策略，并感受大自然的神奇多彩。

　　希望通过阅读本书能够让读者深入地认识地球上那些神奇的动物，通过了解它们的生存环境也让我们更加珍惜地球这个共同的家园。希望人与动物和谐共处，人与自然和谐共生。愿我们共同努力，让地球上的每一个生命都能够得到尊重和保护，让自然之美永远流传下去。

目　录

哺乳动物

Buru Dongwu

非洲狮

非洲狮是非洲现存最大的猫科动物，也是世界上第二大的猫科动物。它们体形健壮，四肢有力，头大而圆，爪子非常锋利并且可以伸缩。在非洲狮面前，大多数肉食性动物都处于劣势地位。非洲狮长着发达的犬齿和裂齿，是非洲的顶级掠食者，非洲的绝大多数植食性动物都是它们的食物。在狮群中，雌狮主要负责捕猎，雄狮则负责保卫领地。和其他猫科动物一样，它们也喜欢在白天睡觉，虽然强壮的狮子在白天也可以捕捉到猎物，但是清晨和夜间捕猎的成功率会更高。

狮王争夺战

当一只外来的雄狮想要入侵狮群的领地时，狮群的狮王就会将它赶出领地范围。如果新来的雄狮向狮王发起挑战，这两者之间就会发生激烈的战斗。如果狮王战败，那么它将会被赶出原有的领地，新来的雄狮则会成为新的狮王。

从幼狮到王者

雄狮宝宝在出生6个月左右断奶，但是它们不能马上学习捕食，母狮会将捕来的猎物送到它们嘴边。幼年的雄狮生活幸福，但是两岁后它们会被赶出狮群开始艰苦的独立生活。从此雄狮就要一切靠自己了，它们要努力地磨炼自己，以便成为新一代的狮王。

非洲狮	
体长	约 300 厘米
食性	肉食性
分类	食肉目猫科
特征	身体强壮，雄狮有威风的鬃毛

非洲象

在非洲的大草原上生存着陆地上最大的哺乳动物——非洲象。对非洲象来说，真正意义上的天敌，除了人类，可能就只有它们自己了。非洲象比亚洲象体形稍大，有一对扇子般的大耳朵，可以帮它们散发热量。成年雄性非洲象体高可达4.1米，体重为4~5吨，厚厚的皮肤帮它们抵御恶劣环境的影响，使它们可以生存在海平面到海拔5000米的多种自然环境中。一般一个非洲象家族有20~30头象，一头年长的雌象是象群中的首领，象群成员大多是它的后代。雄象到了一定年龄就要离开象群，只有在交配时期才回归象群。象群成员之间的关系非常亲密，不同象群的成员之间通常也能和谐相处。

大象的好记性

在大象的脑中存在着与情感和记忆密切相关的海马体，它可以帮助大象把重要信息长期保存。曾有两头大象在同一马戏团表演过，在23年之后它们重逢时，竟还都记得彼此的声音。

鼻子都能干些什么

非洲象的鼻子不仅可以用来呼吸、闻气味，还可以用来喝水、抓东西。它们喜欢用鼻子吸水然后喷到身上，给自己洗澡降温。非洲象的鼻子末端有两个敏感的指状突起，而亚洲象只有一个突起，这是这两种象的区别之一。

非洲象	
体长	约 700 厘米
食性	植食性
分类	长鼻目象科
特征	有一条长鼻子，耳朵是扇形

猎豹

你知道吗，猎豹是猫科家族的成员，是猫科动物成员中历史最久、最独特和特异化的品种。猎豹世世代代生活在大草原上，被称为非洲草原上"行走的青铜雕像"。之所以拥有这样的美称，是因为猎豹的身材接近于完美的流线型，它们拥有纤细的身体、细长的四肢、浑圆小巧的头部和小小的耳朵。这样灵活轻盈的身材也赋予了它们高速奔跑的能力，猎豹可是世界上短跑速度最快的哺乳动物。

猎豹	
体长	100 ~ 150 厘米
食性	肉食性
分类	食肉目猫科
特征	身体纤细，奔跑速度极快

无法长跑的短跑健将

猎豹为了最大限度地提高奔跑速度，已经将身体进化成了精瘦细长的样子。但也正因为这样，猎豹只能坚持3分钟左右的高速奔跑，如果持续奔跑太长的时间，它们很有可能会因为体温过高而死去。因此猎豹的每一次追猎都要非常谨慎才行，如果它们连续失败太多次的话，就很有可能由于没有力气继续捕猎而被饿死。

老虎

　　不是谁都能当丛林中的百兽之王！只要提到"百兽之王"，我们第一个就会想到威风凛凛的老虎，百兽之王的宝座确实非老虎莫属。为什么只有老虎才称得上是百兽之王呢？因为老虎体态雄伟，强壮高大，是顶级的掠食者，其中东北虎是世界上体形最大的猫科动物。老虎的皮毛大多数呈黄色，带有黑色的花纹，脑袋圆圆的，尾巴又粗又长，生活在丛林之中，从南方的雨林到北方的针叶林中都有分布。

老虎中的"白马王子"

　　老虎的皮毛大多数是黄色并且带有黑色花纹的，不过人们偶尔也会发现全身披着白色皮毛的老虎，这就是白虎。白虎是普通老虎的一种变种，是体色产生基因突变的结果。1951年，人们在印度发现并捕获了一只野生的白色孟加拉虎，它是第一只被捕获的白虎。

老虎会爬树吗

　　在传说中，老虎拜猫为师学习本领，在学成之后却想要把猫吃掉。好在猫没有将爬树的方法教给老虎，所以爬到树上躲过了老虎的暗算，老虎也因此没有学会爬树的本事。现实生活中老虎真的不会爬树吗？当然不是的。和大部分猫科动物一样，利用发达的肌肉和钩状的爪子，老虎也能爬到树上去寻找鸟蛋或者其他藏在树上的猎物。不过因为老虎实在是太重了，为了避免损伤自己的爪子就很少爬树，因此才给人们留下了不会爬树的印象。

老虎	
体长	最长可达 340 厘米
食性	肉食性
分类	食肉目猫科
特征	皮毛上有黑色的斑纹

狼

狼对大家来说并不陌生，在书本和影视作品中我们都能看到它们的形象。狼有着健壮的身体，长长的尾巴，带趾垫的足和宽大弯曲的嘴巴。狼的耐力很强，奔跑速度极快，攻击力强，总是成群结队地在草原上奔跑。狼是肉食性动物，嘴里长有锋利的犬齿，嗅觉和听觉都非常灵敏，它们不仅喜欢吃羊、鹿等有蹄类动物，对兔子、老鼠等小型动物也是来者不拒。狼群的分布非常广泛，它们现在主要生活在苔原、草原、森林、荒漠等区域，有时也会进入一些人口密度较低的地区。

狼	
体长	105 ~ 160 厘米
食性	肉食性
分类	食肉目犬科
特征	有棕色和灰色的皮毛，牙齿非常锋利

狼成功的秘诀是什么

在史前的美洲大陆上，狼曾经与剑齿虎和泰坦鸟等大型掠食者实力相当。然而体形巨大的剑齿虎和泰坦鸟都灭绝了，狼却依旧活跃在食物链的顶端。除了对环境变化的适应力，狼的社会化群体行为和它们团队作战的方式都是它们屹立在食物链顶端的秘诀。

狼族社会的秘密

狼之所以能够在生存竞争中获得胜利，是因为它们有着自己独特的社会体系。狼群的等级制度极为严格。家族式的狼群通常由优秀的狼夫妻来领导，而其他的狼群则由最强的狼作为头狼。狼群中狼的数量从几只到十几只不等，狼群内部分工明确，拥有清晰的领地范围，互相之间一般不会重叠，也不会入侵其他狼群的领地。

17

棕熊

棕熊是陆地上最大的肉食类哺乳动物之一，有着肥壮的身子和有力的爪子，力气极大。它们的后肢非常有力，能够站在湍急的河水里捕鱼。棕熊的食谱十分广泛，从植物根茎到大型有蹄类动物都被它们纳入了菜单。虽然有不少棕熊与人类和谐相处的示例，但它们依旧是非常危险的动物，尤其是带着宝宝的母熊，这些妈妈们甚至会和比自己大两倍的公熊大打出手呢！

一冬天大睡特睡

冬天，棕熊带着积攒了一个秋天的脂肪，开始寻找适合冬眠的地方。它们通常会选择背风的大树洞或者石头缝隙，在里面铺满柔软的枯草、树叶，然后小心翼翼地抹掉自己的足迹，躲到洞里大睡特睡。冬眠的棕熊只依靠身上的脂肪来维持生命，一直到第二年春天才重新出来活动。

洄游之路上的拦路杀手

对棕熊来说，当秋天的鲑鱼开始洄游的时候，它们的盛宴就开始了。在这段时间内，棕熊们会聚集到这些鱼洄游的必经河段，它们终日游荡在这里，在浅水和瀑布附近埋伏狩猎。洄游期间，即将产卵的鱼十分肥美，每一只棕熊都会在此期间大吃，为接下来的冬眠做充足的准备。棕熊甚至还会为了争夺好的捕鱼位置而爆发冲突呢。

棕熊	
体长	150 ～ 280 厘米
食性	杂食性
分类	食肉目熊科
特征	皮毛为棕色，头大而圆

雪豹

在海拔较高的高原地区，生活着一群大型猫科动物，它们就是大名鼎鼎的高山猎手——雪豹。聪明的雪豹历经千年终于找到了适应生存环境的好办法——长出一身灰白的皮毛，这样就能够更好地在雪地里掩护自己了。因为它们经常在高山的雪地中活动，所以就有了"雪豹"这样一个名字。由于雪豹是高原生态食物链中的顶级掠食者，因此有"雪山之王"之称。雪豹喜欢独行，又经常在夜间出没，所以到现在为止，人类对雪豹的了解还非常有限。

雪豹的尾巴有多长

雪豹的尾巴粗大，尾巴上的花纹与身体上不大相同。它的身上有黑色的环状和点状斑纹，而尾巴上则只有环状花纹。雪豹的尾巴出奇地长，它体长有110～130厘米，尾巴却有80～90厘米。这条长长的尾巴是它在悬崖峭壁上捕捉猎物时保持平衡的法宝。

追随雪线的雪山之王

雪豹为高山动物，主要生存在高山裸岩、高山草甸和高山灌木丛等地方。它们夏季居住在海拔5000米的高山上，冬季追随改变的雪线下降到相对较低的山上。

雪豹	
体长	110 ～ 130 厘米
食性	肉食性
分类	食肉目猫科
特征	皮毛呈灰白色，有斑点，尾巴较长

北极熊

北极地区具有代表性的动物是什么？那一定非北极熊莫属了，它们憨厚朴实的模样非常讨小孩子喜欢。北极熊体形庞大，披着一身雪白的皮毛，虽然不能在水中游泳追击海豹，但也是游泳健将，它们的大熊掌就像船桨一样在海里划水。北极熊的嗅觉非常灵敏，能够闻到方圆1000米内或者冰雪下1米内猎物的气味。北极熊属于肉食性动物，海豹是它们的主要食物，它们还会捕食海象、海鸟和鱼，对搁浅在海滩上的鲸也不会客气。由于北极的水不是被冰封就是含盐分过多，所以北极熊的主要水分来源是猎物的血液。

北极熊的局部休眠

北极熊的局部休眠并不像其他冬眠动物那样会睡一整个冬天，而是保持似睡非睡的状态，一遇到危险就可以立刻醒来。北极熊也会很长一段时间不进食，但不是整个冬季什么都不吃。科学家们发现，北极熊很可能进行局部夏眠，就是在夏季浮冰最少的时候，它们很难觅食，于是会选择睡觉。科学家在熊掌上发现的长毛可以说明它们在夏季几乎没有觅食。

北极熊	
体长	约300厘米
食性	肉食性
分类	食肉目熊科
特征	全身长有白色的皮毛

北极狐

北极狐生活在北冰洋的沿岸地带和一些岛屿上的苔原地带。和大多数生活在北极的动物一样，北极狐也有一身雪白的皮毛。在它们的身后，还有一条毛发蓬松的大尾巴。北极狐主要吃旅鼠，也吃鱼、鸟、鸟蛋、贝类、北极兔和浆果等食物，可以说能找到的食物它们都会吃。每年的2~5月是北极狐交配的时期，这一时期雌性北极狐会扬起头嗥叫，呼唤雄性北极狐，交配之后大概50天，可爱的小北极狐就出生了。北极狐的寿命一般为8~10年。

北极狐会变色吗

北极狐有着随季节变化的毛色。在冬季时北极狐身上的毛发呈白色，只有鼻尖是黑色的皮肤，到了夏季身体的毛发变为灰黑色，腹部和面部的颜色较浅，颜色的变化是为了适应环境。北极狐的足底有长毛，适合在北极那样的冰雪地面上行走。

北极狐	
体长	约 55 厘米
食性	杂食性
分类	食肉目犬科
特征	毛色随季节变化，冬季为白色

犀牛

传说犀牛的角有白纹，从角尖直通大脑，感应灵敏，因此就有了"心有灵犀"这个典故。犀牛是世界上最大的奇蹄目动物，它们身躯粗壮，腿比较短，眼睛很小，鼻子上方有角，长相奇特。犀牛生活在草地、灌木丛或者沼泽地中，主要以草为食，偶尔也吃水果和掉落的树叶。犀牛通常喜欢单独居住，一头成年雄犀牛会占有10平方千米的领地。犀牛虽然皮糙肉厚，但是腰、肩褶皱处的皮肤比较细嫩，容易遭到蚊虫的叮咬。它们身体上常常会有寄生虫，所以在水里打滚儿对犀牛来说是每天必不可少的活动，这样做不仅可以赶走讨厌的蚊虫，还能保持体温。

犀牛	
体长	200 ~ 450 厘米
食性	植食性
分类	奇蹄目犀科
特征	头上有两只尖角，嘴巴较尖

大块头跑得很快

犀牛的身躯庞大，四肢粗壮笨重，还长着一个大脑袋，全身的皮肤像铠甲一样厚重结实。尽管它们如此庞大笨重，但仍然能跑得非常快，非洲黑犀牛可以以每小时45千米的速度进行短距离奔跑。

大熊猫

胖胖的身子，圆圆的耳朵，大大的"黑眼圈"，没错，这就是我们可爱的国宝大熊猫。提起大熊猫，我们都会想到它们圆滚滚的身形和憨态可掬的样子。大熊猫对生存环境可是很挑剔的，只生活在我国四川、陕西和甘肃等省的山区，它们可是我们的重点保护对象，是我们中国的国宝呢！大熊猫的毛色呈黑白色，颜色分布很有规律，白色的身体，黑色的耳朵，黑色的四肢，还有一对大大的"黑眼圈"，非常有趣。它们走路时壮硕的身体左右摆动，可爱极了。

大熊猫	
体长	120 ～ 180 厘米
食性	杂食性
分类	熊科
特征	黑白的毛色，有两个"黑眼圈"

让全世界疯狂的"胖子"

圆滚滚的大熊猫非常可爱，到哪里都是备受欢迎的明星，所以在很多国家的动物园中也饲养大熊猫。1950年，我国政府开始将可爱的大熊猫作为国礼赠送给其他国家，先后有多个国家接受过中国赠送的大熊猫，这就是著名的"熊猫外交"。可爱的"胖子"大熊猫深受世界人民的喜爱。在国外，为了一睹大熊猫的真容，游客们甚至会排上好几个小时的队呢。

大猩猩

大猩猩是灵长目中除了人和黑猩猩以外最聪明的动物。它们大约十几只组成一个小型的群体，在一头强壮的雄性大猩猩的带领之下生活在非洲中部的雨林之中。大猩猩和人类基因的相似度高达98%，常常与红毛猩猩和黑猩猩并称为"人类的最直系亲属"。现如今，大部分大猩猩分布在非洲，根据分布地区的不同，人们把现存的大猩猩划分为东非大猩猩和西非大猩猩两种。

大猩猩的繁殖

大猩猩是一种寿命很长的动物，动物园里大猩猩的寿命可以达到60多岁，它们生长和繁殖的周期非常漫长。在野外，雄性猩猩在11～13岁成年，雌性要在10～12岁成年，雌性猩猩的产崽间隔通常是8年。不管什么时候，只要有机会，雄性猩猩就会试着与能够怀孕的雌性猩猩交配，能够怀孕的雌性猩猩则会选择群内处于统治地位的成年雄性猩猩。这样选择有什么益处仍然是谜，可能它们是在为自己的后代选择优良的基因，也有可能是为了得到有统治地位的雄性猩猩的保护。

西部大猩猩	
体长	150 ~ 180 厘米
食性	植食性
分类	灵长目人科
特征	前肢长后肢短，非常强壮

斑马

斑马到底是白底黑条纹，还是黑底白条纹？其实斑马的皮肤是黑色的，所以它们是黑底白条纹。正是因为它们身上这黑白相间的条纹，它们才被人类取了斑马这样一个名字。斑马是由400万年前的原马进化而来的。曾经的斑马条纹并不清晰分明，经过不断的进化才有了现在的条纹。斑马生活在干燥、草木较多的草原和沙漠地带，是植食性动物，具有强大的消化系统，树枝、树叶和树皮都能成为它们的食物。斑马是群居生活的动物，一般10匹左右为一群，群体由雄性斑马率领，成员多为雌斑马和斑马幼崽。它们相处得非常融洽，一起觅食，一起玩耍，很少会有斑马被赶出斑马群的事情发生。

斑马	
体长	200～250厘米
食性	植食性
分类	奇蹄目马科
特征	身上有黑白相间的条纹

斑马的条纹有什么用

黑白条纹是斑马为适应环境形成的，它们的条纹黑白相间、清晰分明，在阳光的照射下很容易与周围的景物融合，起到自我保护的作用。草原上有种昆虫叫采采蝇，经常叮咬马和羚羊一类的动物。斑马身上的条纹可以迷惑采采蝇，防止被它们叮咬；也可以迷惑天敌，从而逃脱追捕。

想要驯服斑马，那真的是太难了

在欧洲殖民非洲的时代，殖民者们曾经尝试用更加适应非洲气候的斑马来代替原本的马。但是斑马的行为难以预测，非常容易受到惊吓，所以驯服斑马的尝试大多失败了。能够被人类成功驯服的斑马非常少。

长颈鹿

　　长颈鹿生活在非洲稀树草原地带。长颈鹿是世界上现存最高的陆生动物，站立时身高可达6~8米。长颈鹿毛色浅棕带有花纹，四肢细长，尾巴短小，头顶有一对带茸毛的短角。它们性情温和，胆子小，是一种大型的植食性动物，以树叶和小树枝为食。为了将血液输送到距心脏2米多高的头部，它们拥有着极高的血压，收缩压要比人类的3倍还高。为了不让血液涨破血管，长颈鹿的血管壁必须有足够的弹性。

长颈鹿一天要睡多久

　　长颈鹿睡觉的时间很少，一天只睡几十分钟到两小时左右。由于脖子太长，它们常常把脖子靠在树枝上站着睡觉。长颈鹿有时也需要躺下休息，但是躺下睡觉对它们来说是件十分危险的事情，因为从睡卧的姿势站起来需要花费一分钟的时间，这一分钟就可能让长颈鹿来不及从肉食性动物的口中逃脱。

长颈鹿	
体长	600 ~ 800 厘米
食性	植食性
分类	偶蹄目长颈鹿科
特征	脖子和腿非常长，身上有斑块状花纹

袋鼠

袋鼠的踪迹遍及整个澳大利亚，其中最大也最广为人知的动物是红大袋鼠。雄性红大袋鼠的皮毛为具有标志性的红褐色，下身为浅黄色；雌性上身为蓝灰色，下身呈淡灰色。它们喜欢在草原、灌木丛、沙漠和稀树草原地区蹦蹦跳跳地寻找自己喜欢吃的草和其他植物。红大袋鼠能够广泛分布于澳大利亚这片土地上，自然有其独特的本领。它们能够在植物枯萎的季节找到足够的食物，也能够在缺水的旱季正常生存。在炎热的天气里，它们可以采取多种方式保持体温，以此让体内各功能保持正常的状态。

袋鼠	
体长	约 140 厘米
食性	植食性
分类	双门齿目袋鼠科
特征	尾巴粗壮，腹部有一个育儿袋

神奇的育儿袋

袋鼠是一种有袋类哺乳动物，它们的大部分发育过程是在母亲的育儿袋里完成的。小袋鼠出生时尾巴和后腿柔软细小，只有前肢发育较好，身体大部分没有发育完全，所以需要回到妈妈的育儿袋中继续发育。刚开始袋鼠妈妈会在自己的皮毛上舔出一条路，小袋鼠就会顺着这条路爬到妈妈的育儿袋中，接受母乳的滋养。几个月后小袋鼠就长大了，当它长到育儿袋装不下的时候，小袋鼠就可以开始自己找食物了。

粗壮的后腿和尾巴

袋鼠的前肢细小，后腿比前肢粗壮许多，强健有力的后腿非常适合跳跃，它们一次可以跳3米高，8米远，它们跳跃着前行的速度可达50千米/时。袋鼠的尾巴和腿一样粗壮，在休息的时候撑在地上，让后腿和尾巴组成一个三脚架，这样一来袋鼠就算不躺在地上也能很好地休息了。

狐狸

狐狸生性多疑、狡猾机警。在动物学上狐狸属于脊索动物门哺乳纲食肉目犬科动物，体长约为80厘米，尾巴长约45厘米，尾巴比身体的一半还要长。它的皮毛颜色变化很大，大部分是跟随季节变化而发生改变的，一般呈赤褐色、黄褐色、灰褐色等。在狐狸尾巴的根部有一对臭腺，能分泌带有恶臭味的液体，可以扰乱敌人，让它能从天敌手中逃脱。狐狸具有敏锐的视觉和嗅觉，锋利的牙齿和爪子，还有在哺乳动物中名列前茅的奔跑速度和灵活的行动力。这些能力使狐狸成长为一个具有敏锐洞察力的丛林猎手。

狐狸	
体长	约 80 厘米
食性	杂食性
分类	食肉目犬科
特征	尾巴大而长

狐狸的尾巴有什么用

狐狸有着长而蓬松的尾巴，不要小瞧这条毛茸茸的粗尾巴，它的用处可不少呢。当狐狸追击猎物时，粗壮的尾巴可以使它保持平衡，便于在较短的时间内捕获猎物。美味享用完毕后，尾巴还可以替它"毁灭证据"，清除地上的足迹与血迹。在冬季，狐狸休息的时候还会把身体蜷缩成一团，用尾巴把自己包裹住来抵御寒冷。

穿山甲

穿山甲身材狭长，四肢短粗，嘴又尖又长，全身从头到尾布满了坚硬厚重的鳞片。穿山甲对自己居住条件的要求非常高，夏天，它们会把家建在通风凉爽、地势偏高的山坡上，避免洞穴进水；到了冬季，它们又会把家建在背风向阳、地势较低的地方。洞内蜿蜒曲折、结构复杂，长度可达10米，途中还会经过白蚁的巢，可以将其作为储备"粮仓"，洞穴尽头的"卧室"较为宽敞，还会垫着细软的干草来保暖。

穿山甲真的无坚不摧吗

穿山甲擅长挖洞，又浑身披满鳞甲，因此被称为"能穿山的鳞甲动物"。传说中穿山甲可以挖穿山壁，实则不然，它们并没有挖穿山壁的本领。就算是挖洞，它们也会选择土质松软的地方，并不是什么都能挖开的。

穿山甲	
体长	34 ~ 92 厘米
食性	肉食性
分类	鳞甲目穿山甲科
特征	全身上下覆盖着鳞片

树懒

树懒可以说是世界上最懒的哺乳动物了，这么懒的动物是怎么在这个世界上活下来的呢？树懒的爪呈钩状，前肢长于后肢，可以长时间吊在树上，甚至睡觉时也是这样倒吊在树上，可以说树就是它们的家。树懒主要以树叶、嫩芽和果实为食，是个严格的素食主义者。它们非常懒而且行动迟缓，爬得比乌龟还要慢，在树上只有每分钟4米的速度，在地面上只有每分钟2米的速度。与它们缓慢的陆地行动能力不同，树懒在水中倒是一个游泳健将，在雨林的雨季，在泛滥的洪水中，树懒经常通过游泳从一棵树转移到另一棵树上。

树懒	
体长	60～70厘米
食性	植食性
分类	披毛目树懒科
特征	前肢只有3个脚趾，身上有粗糙的毛发

倒挂在树上的一生

我们看到的树懒都是倒挂在树上的，那是因为树懒已经进化成树栖生活的动物，几乎丧失了地面生活的能力。树懒在平地走起路来摇摇晃晃，很难保持平衡，而且它们主要依靠两条前肢来拉动身体前进，速度非常缓慢。树懒的爪子很灵活，呈钩状，能够牢固地抓住树枝，把自己吊在树上，即使睡着了也没有关系。

生命在于静止的树懒

树懒是一种非常懒惰的哺乳动物，平时就挂在树上，懒得动，懒得玩，什么事都懒得做，甚至连吃东西都没什么动力。如果一定要行动的话，树懒的动作也是相当缓慢的。树懒的动作慢，进食和消化也慢，它们需要很久才能把食物彻底消化，因此树懒的胃里面几乎塞满了食物。它们每5天才会爬到树下排泄一次，真是名副其实的懒家伙。

浣熊

这只戴着黑眼罩的家伙可以说是家喻户晓的动物了。戴着黑色眼罩，拖着带有环状斑纹的尾巴，这已经成为浣熊的经典形象。再加上浣熊体形较小，行动灵活，还长着圆圆的耳朵和尖尖的嘴巴，真是天生的一副可爱相。浣熊喜欢住在靠近河流、湖泊的森林地区，它们会在树上建造巢穴，也会住在土拨鼠遗留的洞穴中。浣熊是夜行动物，白天在树上或者洞里休息，到了晚上才出来活动。因为总是潜入人类的房屋偷窃食物，浣熊在加拿大也被称为"神秘小偷"。浣熊是不需要冬眠的，但是住在北方的浣熊，到了冬天会躲进树洞中。每年的1~2月是浣熊的交配季节，它们的寿命不长，通常只有几年。

浣熊真的清洗食物吗

浣熊的视觉并不发达，因此需要用触觉来辨别物体。由于浣熊前爪上有一层角质层，有时候需要浸在水里使其软化来提高灵敏度，所以看起来就像是浣熊吃食物前要洗一下。

不要做像浣熊一样的破坏王

浣熊其实并没有看上去那么温顺、可爱，它们的破坏力极大。浣熊不仅会在木质的家具和墙壁上打洞，还会去垃圾桶里寻找食物，翻倒垃圾桶，把垃圾扔得到处都是。有时还会挖开院子里的草坪，咬伤猫狗和路过的行人。由于私自猎杀野生动物是非法行为，在北美洲，人们甚至成立了专门对付浣熊的公司来处理不断跑进房子里的浣熊。

浣熊	
体长	40 ~ 70 厘米
食性	杂食性
分类	食肉目浣熊科
特征	眼睛周围有一个面罩状的斑纹

小熊猫

你知道吗，小熊猫并不是幼小的熊猫，而是一种与熊猫一样有着"活化石"之称的动物，早在900多万年以前就已经出现在地球上了。小熊猫也叫"红熊猫"，体形比猫肥壮，全身红褐色，脸很圆，上面带有白色的花纹，耳朵尖尖且直立向前，毛茸茸的大尾巴又长又粗，带有白色环状花纹，非常好看。我们通常会在树洞里、树枝上或石头缝中见到它们。小熊猫白天的大部分时间在睡觉，只有早、晚才会出来觅食。它们步履蹒跚，行动缓慢，是一种非常可爱的动物。

馋嘴的小熊猫最爱吃什么

小熊猫就是个小馋猫，什么都吃。它们是杂食性动物，吃小鸟、鸟蛋、昆虫和其他小型动物等，偶尔也换换口味吃一些植物。小熊猫喜欢吃新鲜的竹笋、嫩枝、树叶和野果等，它们最喜欢带有甜味的食物，就像小孩子一样。

小熊猫是猫还是熊

小熊猫的体形非常小，还长有大大的三角形耳朵和蓬松的长尾巴，因此很多人都觉得小熊猫和猫很像，但小熊猫并不是猫科动物。猫科动物是趾行性动物，它们是用脚趾走路的，而小熊猫却和熊科动物一样是跖行性的，也就是用脚掌走路的。但其实小熊猫既不是猫也不是熊，它"自成一派"，是小熊猫科中的唯一一种动物。

小熊猫	
体长	50 ~ 64 厘米
食性	杂食性
分类	食肉目小熊猫科
特征	皮毛红褐色，尾巴上有白色环纹

梅花鹿

在郁郁葱葱的森林里，隐藏着一群活泼可爱的梅花鹿，据说它们是森林里的精灵，给死气沉沉的森林带来了一丝灵气。梅花鹿属于中型鹿类，四肢修长，善于奔跑，喜欢居住在山地、草原等一些开阔的地区，因为这样有利于它们快速奔跑。它们的眼睛又大又圆，非常漂亮；它们也非常聪明机警，遇到危险可以迅速逃脱。

梅花鹿	
体长	125 ~ 145 厘米
食性	植食性
分类	偶蹄目鹿科
特征	背部和身体两侧有白色斑点

鹿角掉了怎么办

梅花鹿头上的角非常漂亮。它们的鹿角很像规则的树枝，主干向两侧弯曲，呈半弧形；雄性的梅花鹿头上长有鹿角，随着年龄的增加，鹿角上的分叉也逐渐增多，角尖稍向内弯曲。梅花鹿的鹿角不是一生只有一对，每年4月份，它们的鹿角会自然脱落，就像换牙一样，在老鹿角的地方长出新的鹿角。所以即使它们的鹿角意外断掉了也不要紧，新的鹿角会随着时间慢慢生长，成为它们的新武器。

骆驼

骆驼为什么能在沙漠生活呢？在自然条件较好的平原地带，人们驯养的家畜通常是马、牛等，而在炎热干旱的沙漠地带，人们驯养更多的则是骆驼。骆驼是一种神奇的动物，它们可能是最能够适应沙漠环境的动物之一了。在条件严酷的沙漠和荒漠中，骆驼能够适应干旱且缺少食物的沙土地和酷热的天气，而且颇能忍饥耐渴，每喝饱一次水后，连续几天不再喝水，仍然能在炎热、干旱的沙漠地区活动。骆驼还有一个神奇的胃，这个胃分为三室，在吃饱一顿饭之后可以把食物贮存在胃里面，等到需要再进食的时候反刍。可以说，骆驼这种奇妙的动物就是为沙漠而生的。

双峰驼	
体长	约 300 厘米
食性	植食性
分类	偶蹄目骆驼科
特征	身体有厚实的毛发，背部有两个驼峰

走到哪儿都背着两座"山"

骆驼的最大特点就是它们背上的驼峰。骆驼分为单峰驼和双峰驼，是骆驼属下仅有的两个物种。看到驼峰就会和它们可以长时间不饮水联想到一起，实际上驼峰并不是骆驼的储水器官，而是用来贮存沉积脂肪的，它是一个巨大的能量贮存库，为骆驼在沙漠中长途跋涉提供了能量消耗的物质保障，这在干旱少食的沙漠之中是非常有利的。

马

家马是由野马驯化而来的，中国人很早就开始驯化马，但对马的驯化要晚于狗和牛，科学家在遗址中发现的证据显示距今6000年前，野马就已经被驯化作为家畜了。在古代，马是人类最好的助手，是农业生产、交通运输和军事等活动的主要动力，也是古代最快的交通工具；在现代，马的作用大多为赛马和马术运动，也有少量的军用和畜牧业用途。马对人类非常忠诚，在世界的文化中占有很重要的位置。

视力太差可怎么办

马的两眼距离较大，视觉重叠部分只有30%，所以很难通过眼睛判断距离。对500米以外的物体马只能看到模糊的图像，只有比较近的物体才能很好地辨别其形状。但是马的听觉和嗅觉是非常灵敏的，它们靠嗅觉识别外界一切事物，可以凭借嗅觉寻找几千米以外的水源和草地，也可以通过嗅觉找寻同伴，甚至可以嗅到危险的信息，并且及时通知同伴。

马是站着睡觉吗

我们通常认为马是站着睡觉的。站着睡觉是马的生活习性，因为在草原上，野马为了能够在遇到危险的时候迅速逃脱，所以不敢躺下睡觉，大多时候只会站着休息。但在没有危险的时候马也是可以躺着睡觉的。在一个马群中，一部分马躺下睡觉，而为了安全起见，总会有另一部分马站岗放哨。

马	
体长	40 ～ 200 厘米
食性	植食性
分类	奇蹄目马科
特征	四肢长，骨骼坚实，能在地面上迅速奔驰

飞翔的鸟
Feixiang de Niao

绣眼鸟

绣眼鸟常年生活在树上，主要吃昆虫、花蜜和甜软的果实。因为它们眼部周围有明显的白色绒羽环绕，形成一个白眼圈，因此被称为绣眼鸟。绣眼鸟生性活泼好动，羽毛颜色靓丽，歌声婉转动听，所以人们都喜欢饲养它。绣眼鸟是雀形目绣眼鸟科鸟的统称，共有 97 种之多。暗绿绣眼鸟，俗称"绣眼儿"，喜欢在浓密的枝叶下做巢，巢穴像吊篮一样，小巧精致。红胁绣眼鸟与暗绿绣眼鸟很相似，不同的是它们在两胁处有明显的栗红色，它们生活在东北、河北的山林地区，筑巢的材料因条件的不同而发生变化。还有一种灰腹绣眼鸟，橄榄绿色，它们和暗绿绣眼鸟长得很相似，喜欢在最高树木的顶端活动，分布在亚洲东部。

爱洗澡的绣眼鸟

绣眼鸟非常爱干净，它们喜欢洗澡，即使在气温很低的时候也会洗澡。洗澡时可以把一个浅水盆放在笼子里，水的高度到鸟下腹羽毛即可。天气比较凉时，洗澡的时间应该在午后气温升高的时候，选择在有太阳直射的温暖的室内进行，最好在无风的环境下洗澡，因为鸟儿和我们人类一样，也会感冒。

暗绿绣眼鸟	
体长	约 11 厘米
食性	杂食性
分类	雀形目绣眼鸟科
特征	眼睛周围有白色的羽毛，看上去像一个白眼圈

黄鹂

黄鹂是属于雀形目黄鹂科的中型鸣禽。黄鹂的喙很长，几乎和头一样长，而且很粗壮，尖处向下弯曲，翅膀尖长，尾巴呈短圆形。它们的羽毛色彩艳丽，多为黄色、红色和黑色的组合，雌鸟和幼鸟的身上带有条纹。黄鹂喜欢生活在阔叶林中，栖息在平原至低山的森林地带或村落附近的高大树木上。巢穴由雌鸟和雄鸟共同建造，它们很是浪漫，鸟巢呈吊篮状悬挂在枝杈间，多以细长植物纤维和草茎编织而成。黄鹂每窝产蛋4～5枚，蛋是粉红色的，有玫瑰色斑纹。孵蛋的任务由雌鸟完成，一般经过半个月的时间小黄鹂就破壳了，这时雌鸟和雄鸟会一起照顾它们，直到幼鸟离开鸟巢。

金黄鹂	
体长	约24厘米
食性	杂食性
分类	雀形目黄鹂科
特征	身体呈金黄色，翅膀和尾巴为黑色

黄鹂难辨雌雄

黄鹂的雌雄很难辨认。以通常的头上黑枕的宽窄来区分雌雄是远远不够的，雌鸟头上的黑枕也可以长到与雄鸟类似。雄鸟看起来十分霸道，有着强健的体魄、犀利的眼，雌鸟羽毛的黑色没有雄鸟的黑色亮丽，雌鸟眼神中缺少雄鸟的霸气。雄黄鹂无时无刻不透露着杀气，而且头顶的黄色会随着年岁的增长而变小。

黄鹂吃什么

野生的黄鹂主要捕捉食梨星毛虫、蝗虫、蛾子幼虫等，偶尔也吃些植物的果实和种子。被捕获后的黄鹂主要喂食人工饲料，同时喂食少量的瓜果和昆虫，它们需要先慢慢适应人工饲料，有许多成鸟被捕获后不适应环境和人工饲料，绝食而死。

喜鹊

　　古时候人们都希望每天早上一出门就能见到喜鹊，因为在中国喜鹊象征着吉祥、好运。喜鹊的体形较大，体长约50厘米，常见的羽毛颜色为黑白配色，羽毛上带有蓝紫色金属光泽，在阳光的照射下闪闪发光。喜鹊分布范围比较广泛，除南极洲、非洲、南美洲和大洋洲没有分布外，其他地区都可以看到它们的身影。它们可以在许多地方安家，尤其喜欢出没在人类生活的地方。但是喜鹊并没有想象中的那样好脾气，它们属于性情凶猛的鸟，敢于和猛禽抵抗。如果有大型猛禽侵犯它们的领地，喜鹊们会群起围攻，经过激烈的厮杀，使猛禽重伤甚至毙命。

喜鹊	
体长	约50厘米
食性	杂食性
分类	雀形目鸦科
特征	颜色为黑色和白色，身上有蓝紫色的金属光泽

喜鹊的家

　　在气候比较温暖的地区，喜鹊从3月份就开始进入繁殖期。一到繁殖的季节，雌鸟和雄鸟就开始忙着筑巢。喜鹊会选择把巢穴建在高大的乔木上，它们喜欢将巢建在高处，一般巢穴的高度在距离地面7～15米的地方。喜鹊的巢穴似球形，主要由粗树枝组成，其中混合了杂草和泥。为了更加舒适，它们在巢穴中还垫了草根、羽毛等柔软的物质。

鸳鸯

鸳指雄鸟，鸯指雌鸟，合在一起称为鸳鸯。鸳鸯雌雄异色，雄鸟喙为红色，羽毛鲜艳华丽带有金属光泽，雌鸟喙为灰色，披着一身灰褐色的羽毛，跟在雄鸟后面就像是一个灰姑娘跟着一个公子。它们喜欢成群活动，有迁徙的习惯，在9月末左右会离开繁殖地向南迁徙，次年春天会陆续回到繁殖地。鸳鸯属于杂食性动物，它们通常在白天觅食，春季主要以青草、树叶、苔藓、农作物及植物的果实为食，繁殖季节主要以白蚁、石蝇、虾、蜗牛等动物性食物为主。鸳鸯生性机警，回巢时，会先派一对鸳鸯在空中侦察，确认没有危险后才会一起落下休息，如果发现有危险则会发出警报，通知小伙伴们迅速撤离。

成双入对的恩爱夫妻

我们经常见到鸳鸯成双入对地出现在水面上，相互打闹嬉戏，悠闲自得，所以人们经常把夫妻比作鸳鸯，把它们看作是永恒爱情的象征，认为鸳鸯是一夫一妻制，相亲相爱、白头偕老，一旦结为配偶将陪伴一生，如果一方死去，另一方就会孤独终老。自古以来也有不少以鸳鸯为题材的诗歌和绘画赞颂纯真的爱情。其实在现实中，鸳鸯并非成对生活，配偶也不会一生都不变，这只是人们赋予其的象征意义。

世界上最美丽的水禽

在水禽中，鸳鸯的羽毛色彩绚丽，绝无仅有，因此鸳鸯被称作"世界上最美丽的水禽"。雄鸳鸯的头部和身上五颜六色的，看上去温暖和谐，它的两片橙黄色带白边的翅膀，直立向上弯曲，像一张帆。鸳鸯的头上有红色和蓝绿色的羽冠，面部有白色条纹，喉部呈金黄色，颈部和胸部呈高贵的蓝紫色，身体两侧黑白交替，喙通红，脚鲜黄，它用色谱中最美丽的颜色渲染自己的羽毛，并镀了一层金属光泽，在阳光的照射下闪闪发光，非常美丽。

鸳鸯	
体长	41 ～ 49 厘米
食性	杂食性
分类	雁形目鸭科
特征	雄性颜色艳丽，有帆状的飞羽，雌性为灰褐色

海鸥

海鸥是一种中等体形的海鸟，它们在海边很常见，喜欢成群出现在海面上，以海中的鱼、虾、蟹、贝为食。在我国，它们每到冬天迁徙的时候会旅经东北地区向海南岛飞行，也会飞往华东和华南地区的内陆湖泊及河流。每年春天海鸥就会集结在内陆湖泊或者海边小岛上，然后开始筑巢、繁殖。虽然海鸥的巢穴分布比较密集，但是它们很好地规划了属于自己的领地，互不侵犯。

海鸥	
体长	40 ~ 46 厘米
食性	肉食性
分类	鸻形目鸥科
特征	头颈躯干为白色，翅膀为灰色

海上航行安全"预报员"

海面广阔无垠，航海者在海上航行，很容易因为不熟悉水域地形而触礁、搁浅，或者因天气的突然变化导致无法返航甚至发生海难，这些事情无法预防还会带来严重的后果。后来经过长期的实践，海员们发现可以将海鸥当作安全"预报员"。海鸥经常落在浅滩、岩石或者暗礁附近，成群飞舞鸣叫，这能够为过往的船只发出预警，及时改变航线避免撞礁。如果天气出现大雾迷失了航线，则可以根据海鸥飞行的方向找到港口，所以说海鸥是海上航行安全"预报员"，也是人类的好朋友。

帝企鹅

在寒冷的南极生存着一群大腹便便的小可爱——帝企鹅。帝企鹅又称"皇帝企鹅"，是企鹅家族中个头最大的。最大的帝企鹅有120厘米高，体重可达50千克。帝企鹅长得非常漂亮，背后的羽毛乌黑光亮，腹部的羽毛呈乳白色，耳朵和脖子部位的羽毛呈鲜艳的橘黄色，给黑白色的羽毛一丝彩色的点缀。

帝企鹅生活在寒冷的南极，它们有着独特的生理结构。帝企鹅的羽毛分为两层，能够阻隔外界寒冷的空气，也能保持体内的热量不散失。它们的腿部动脉能够按照脚部的温度来调节血液流动，让脚部获得充足的血液，使脚部的温度保持在冻结点之上，所以帝企鹅可以长时间站立在冰上而不会被冻住。

帝企鹅	
体长	100 ~ 120 厘米
食性	肉食性
分类	企鹅目企鹅科
特征	身材矮壮，耳部有橘黄色的斑纹

脚上的摇篮

虽然企鹅世代生存在寒冷的南极，但是企鹅蛋不能直接放在冰面上，这样会冻坏企鹅宝宝的。雄企鹅会双脚并拢，用嘴把蛋滚到脚背上，然后用腹部的脂肪层把蛋盖上，就像厚厚的羽绒被一样，为宝宝制造一个温暖的摇篮。

信天翁

信天翁是一种大型海鸟，大部分生活在南半球的海洋区域。过去，人们认为它们是上天派来的信使，能够预测天气，因而得名信天翁。信天翁是所有的大型鸟中最会飞行的，也是翅膀最长的。双翅完全张开后，翼展可以达到3~4米。它们的飞行能力特别强，除了在繁殖后代的时候会回到陆地上之外，其他时间基本上都是在海面上盘旋。

航海者的伙伴

在所有的鸟当中，能以威严的外表得到人们尊重的恐怕就只有信天翁了。航海者在广阔的海面上航行数月，信天翁早已成为他们亲密的伙伴。

信天翁	
体长	300 ~ 400 厘米
食性	肉食性
分类	鹱形目信天翁科
特征	翅膀极长

天鹅

天鹅属于游禽，在生物分类学上是雁形目鸭科中的一个属，是鸭科中体形最大的类群，除了非洲外的各大洲均有分布。天鹅是冬候鸟，群居在沼泽、湖泊等地带，主要以水生植物为食，也捕食软体动物及螺类。觅食的时候，头部扎于水下，身体后部浮在水面上，所以只在浅水捕食。

天鹅的种类

天鹅属分为6种：大天鹅，俗称"白天鹅"，体长可以达到150厘米；小天鹅，比大天鹅稍小些，最简单的区别大、小天鹅的方法是看它们嘴后端的黄颜色部分，小天鹅的黄颜色部分不延伸直鼻孔，大天鹅则是延伸过鼻孔；黑天鹅，顾名思义，身体大部分呈黑褐色或黑灰色；黑颈天鹅，它们的颈部为黑色，同时也是体形最小的天鹅；黑嘴天鹅，它们的嘴部是黑色的，很容易辨识；疣鼻天鹅，它们是天鹅中最美丽的一种，它们有着雪白的羽毛，前额有一块黑色的疣突。

最忠诚的生灵

天鹅多为一夫一妻制，是世界上最忠诚的生灵，它们在生活中出双入对，形影不离，若一方死亡，另一方会为之"守节"，终生单独生活或不眠不食直至死去，因此人们以天鹅比喻忠贞不渝的爱情。

疣鼻天鹅	
体长	125 ~ 155 厘米
食性	杂食性
分类	雁形目鸭科
特征	全身为白色，在前额部位有一个疣

白鹭

白鹭属于鹭科白鹭属，是中型涉禽，喜欢生活在沼泽、稻田、湖泊和河滩等处，分布于非洲、欧洲、亚洲及大洋洲。白鹭体形纤瘦，浑身羽毛洁白，喙部尖长，以各种鱼、虾和水生昆虫为食。它们会成群出发，然后各自捕食、进食，互不打扰，也会成群飞越沿海浅水追寻猎物，晚上回来时排成整齐的"V"形队伍。每年的5~7月是白鹭的繁殖期，它们和大部分种类的鹭一样，都是通过炫耀自己的羽毛来进行求偶的。它们喜欢成群地在海边的树杈上筑巢，巢穴构造简单，由枯草茎和草叶构成，呈碟形，离地面较近，最高的也不超过一米。

白鹭的美

白鹭是一种非常美丽的水鸟，古代就有诗句"两个黄鹂鸣翠柳，一行白鹭上青天"来赞美白鹭的优雅与美丽，让后人想象其中的诗情画意。白鹭身体修长，有细长的脖子和腿，全身羽毛洁白无瑕，就像白雪公主，许多经典国画中都能看到白鹭展开翅膀、直冲云霄的美丽画面。

	白鹭
体长	约 56 厘米
食性	肉食性
分类	鹳形目鹭科
特征	全身羽毛为白色，在繁殖期时头后面有两根长长的羽毛

孔雀

孔雀属于鸡形目，雉科，又名"越鸟"，原产于东印度群岛和印度。雄鸟羽毛华丽，尾部有长长的覆羽，羽尖带有彩虹光泽，覆羽可以展开，在阳光的照射下光彩夺目。孔雀的头部有一簇羽毛，更加凸显它们的高贵与美丽。孔雀生性机灵、大胆，常常几十只聚在一起，早晨鸣叫声此起彼伏。它们的翅膀不够发达，脚却强健有力，善于奔走，不善于飞行。行走的姿势与鸡一样，一边走一边头点地。孔雀生活在高山乔木林中，最喜欢生活在水边。它们在地面上筑巢，却喜欢在树上休息。孔雀的食性比较杂，主要以种子、昆虫、水果和小型爬行类动物为食。

美丽的尾巴

孔雀尾羽的图案很奇特，像是一只只眼睛，雄性孔雀的尾巴羽毛很长，展开时就像一把大扇子。在繁殖的季节，雄性孔雀会展开自己绚丽夺目的尾巴来吸引雌性孔雀，雌性孔雀会根据雄孔雀屏的艳丽程度来选择配偶。孔雀尾巴不仅仅能用来求偶，还有很多作用：在飞行时，可以起到保持平衡、控制飞行的作用；在遇到危险时展开尾羽，不断抖动，发出"沙沙"的声音，利用像眼睛一样的斑纹吓唬敌人。

白孔雀

白孔雀是由蓝孔雀变异而来，浑身羽毛洁白无瑕，眼睛呈淡红色，开屏时，就像一个穿着婚纱的少女，美丽而高贵。它们的数量较为稀少，极具观赏价值。

蓝孔雀	
体长	90～230 厘米
食性	杂食性
分类	鸡形目雉科
特征	有着非常艳丽的羽毛颜色，长长的尾羽能够开屏

金刚鹦鹉

金刚鹦鹉的羽毛色彩明亮艳丽。它们体长约1米，重约1.4千克，是体形最大的鹦鹉。金刚鹦鹉最有趣的地方是它们的脸，脸上无毛，情绪兴奋时脸上的皮肤会变成红色，非常可爱。它们栖息在海拔450～1000米的热带雨林中，喜欢成对活动，在繁殖时期会成群活动。它们会在中空的树干内或悬崖的洞穴内筑巢。金刚鹦鹉每窝繁殖的后代很少，加上栖息地被破坏、猎捕严重等原因，导致它们的数量在慢慢减少。我们要大力保护它们，不要让这么可爱的金刚鹦鹉消失不见。

绯红金刚鹦鹉	
体长	约100厘米
食性	植食性
分类	鹦形目鹦鹉科
特征	颜色非常艳丽

口齿伶俐的语言专家

金刚鹦鹉很聪明，它们不仅会"嘎嘎"地叫，还具有超强的模仿能力，能够模仿多种不同的声音。它们较容易接受人类的训练，可以模仿人类说话。除了人类的语言，它们还能模仿小号声、火车鸣笛声、流水声、狗叫声和其他鸟的声音等。八哥、鹩哥等会模仿声音的鸟都不如它们口齿伶俐。

金刚之身的解毒秘诀

金刚鹦鹉的食谱是由花朵和果实组成的，其中包括许多有毒的种类，但是金刚鹦鹉却不会中毒。它们百毒不侵的本领源于它们所吃的泥土，当它们吃了有毒的食物之后，要去吃一种特殊的具有神奇治疗效果的黏土，这种黏土就是解毒剂，可以与金刚鹦鹉吃下的毒素中和，防止鹦鹉中毒。

啄木鸟

在寂静的森林里，总是会传来"笃、笃、笃"的响声，听起来就好像是有人在敲门一样。这是怎么一回事呢？原来，是一种非常特别的鸟正在用它们坚硬的喙敲打树干，它们就是啄木鸟。啄木鸟是鸟纲鴷形目啄木鸟科鸟的统称。这些鸟的头部比较大，喙部像凿子一样笔直而坚硬。它们用喙敲打树干其实是为了寻找躲藏在树干里面的昆虫。它们把尾巴当作支撑，用锋利的脚爪抓住树干，然后用坚硬的喙啄开树皮，把树干里面躲藏着的幼虫用细长的舌头钩出来吃掉。因为它们的主要食物是危害树木的昆虫，所以人们把啄木鸟叫作"森林医生"。

大斑啄木鸟	
体长	20～24 厘米
食性	杂食性
分类	鴷形目啄木鸟科
特征	肩部和翅膀上有白斑

每年都要住新房子

在繁殖的季节，雄性啄木鸟会大声鸣叫，并且用喙部敲击空树干和金属等东西，发出很大的响声，以此来炫耀自己，吸引啄木鸟姑娘们的目光。如果两只啄木鸟结成了伴侣，它们就会共同寻找一棵树芯已经腐烂的大树，在树干上面啄出一个树洞当作巢穴。每一年的繁殖季节啄木鸟都会啄一个新的树洞。两只啄木鸟会共同孵卵，大约两周，小啄木鸟就破壳而出啦！

我的脑袋不怕震

啄木鸟敲击树干的速度非常快。经过测算，啄木鸟每秒能啄15～16次，头部摆动的速度可以达到每小时2000多千米！为了避免冲击力伤害到脆弱的大脑，啄木鸟的头骨十分坚固，它们大脑周围的骨骼结构类似海绵，里面含有液体，有着良好的缓冲和减震作用。这样一来，啄木鸟敲击树干所产生的冲击力就会被完美地吸收掉，不会对它们产生任何不利的影响。

蜂鸟

之所以叫它们为蜂鸟，是因为它们扇动翅膀的声音和蜜蜂"嗡嗡嗡"的声音非常相似。蜂鸟是世界上所有的鸟中体形最小的，所以它们的骨架不易于形成化石保存下来，迄今为止，它们的演化史还是个谜。别看它们的身躯小小的，却蕴藏着惊人的能量。只要有足够的花朵和花蜜，它们在任何的陆地环境下都能够生存，它们的生命力很顽强，是一般的鸟所不能企及的。

蜂鸟	
体长	约几厘米到十几厘米不等
食性	杂食性
分类	雨燕目蜂鸟科
特征	颜色艳丽，有细长的喙，能做出悬停的飞行动作

强烈的好奇心

蜂鸟对花朵情有独钟，对一切色彩鲜艳的事物拥有强烈的好奇心，但这些自己钟爱的花朵也常常令蜂鸟处于危险的境地。蜂鸟有的时候会把车库门口的红色门闩误认为是花朵，然后义无反顾地飞进去并被困在车库里面。当蜂鸟意识到自己可能再也飞不出去时，出于求生的本能，就会向上飞，而且很有可能会在这期间因精力耗尽而死去。

海洋动物
Haiyang Dongwu

海马

　　海马是一种生活在海藻丛或珊瑚礁中的小型鱼，因为头部的外观看起来和马相似而得名。海马用吸入的方式捕食，一般在白天比较活跃，到了晚上则呈静止状态。

　　海马通常喜欢生活在水流缓慢的珊瑚礁中，大多数海马生活在河口与海的交界处，能够适应不同盐度的水域，甚至在淡水中也能存活。海马游不快，它们的行动非常缓慢，通常用它们卷曲的尾巴缠绕在珊瑚或海藻上以固定自己，以免被水流冲走。

三斑海马	
体长	约 15 厘米
食性	肉食性
分类	刺鱼目海龙科
特征	头部类似马头，依靠背鳍和胸鳍游泳

海马的运动方式
　　海马将身体直立于水中，靠着背鳍和胸鳍以每秒10次的高频率摆动来完成其游泳的动作。不过它游泳的速度非常慢，每分钟只能游1~3米。

大白鲨

大白鲨是现存体形最大的捕食性鱼，长达6米，体重约1950千克，雌性的体形通常比雄性的大。大白鲨广泛分布于全世界水温在12～24℃的海域中，从沿岸水域到1200米的深海中都能见到它的身影。幼年的大白鲨主要以鱼类为食，长大一些之后开始捕食海豹、海狮、海豚等海洋哺乳动物，也捕食海鸟和海龟，甚至啃噬漂浮在海面上的鲸尸。捕猎时，大白鲨喜欢从正下方或者后方以超过40千米/时的速度突然袭击猎物，猛咬一口后退开等待，在猎物因失血过多而休克或死亡时，再来大快朵颐。

大白鲨	
体长	约600厘米
食性	肉食性
分类	鼠鲨目鼠鲨科
特征	体形庞大，牙齿十分锋利

鲨鱼的皮肤

鲨鱼的皮肤分泌大量黏液，既可以减少游泳阻力，还能防止寄生虫的侵袭，为鲨鱼的身体提供一定的保护。鲨鱼的皮肤表面布有细小的盾鳞。虽然叫作"鳞"，但盾鳞的结构却与牙齿同源，内部有像牙髓腔一样布满血管的空腔，外表包裹着坚硬的牙本质，表面还有一层牙釉质。因此，说大白鲨"全身都是牙"也不为过。这些细小的"牙齿"使得鲨鱼的皮肤逆向摸起来就像砂纸一样粗糙。

金枪鱼

金枪鱼生活在低中纬度海域，在印度洋、太平洋与大西洋中都有它们的身影。金枪鱼体形粗壮，呈流线型，像一枚鱼雷。它们有力的尾鳍呈新月形，为它们在大海中快速冲刺提供了强大的动力，是海洋中游速最快的动物之一，平均速度可达60～80千米/时，只有少数几种鱼能够和它们一较高下。鱼类大部分足冷血动物，金枪鱼却可以利用泳肌的代谢使自己的体温高于外界水温。金枪鱼的体温能比周围的水温高出9℃，它们的新陈代谢十分旺盛，为了能够及时补充能量，金枪鱼必须不停地进食。它们食量很大，乌贼、螃蟹、鳗鱼、虾等各种各样的海洋生物都能成为它们的食物。

2015年1月，一位女渔民钓到了她一生中遇到的最大的金枪鱼——一条重达411.5千克的太平洋蓝鳍金枪鱼，它的体形足以达到小象的两倍大！她努力了近4个小时才将这条金枪鱼拖到船上。

88

	蓝鳍金枪鱼
体长	可达 240 厘米
食性	肉食性
分类	鲈形目鲭科
特征	身体呈流线型，有新月形的尾鳍

小丑鱼

"小丑鱼"是雀鲷科海葵鱼亚科鱼的俗称。小丑鱼的颜色鲜艳明亮，相貌非常俏皮可爱，脸部及身上带有一条或两条白色条纹，好似京剧中的丑角，因此被称作"小丑鱼"。活泼可爱的小丑鱼在珊瑚中穿梭，就像是水中的精灵。小丑鱼不仅长相奇特，还是为数不多的可以改变性别的动物，它们中的雄性可以变成雌性，但是雌性不能变成雄性。在小丑鱼的鱼群中，总有一个位居统治者地位的雌性和几个成年的雄性，如果雌性统治者不幸死亡，就会有一个成年雄性转变为雌性，成为新的统治者，周而复始。

小丑鱼和海葵是如何共生的

在小丑鱼还是幼鱼的时候就会找个海葵来定居，它们会很小心地从有毒的海葵触手上吸取黏液，用来保护自己不被海葵蜇伤。海葵的毒刺可以保护小丑鱼不受其他鱼的攻击，同时小丑鱼还能吃到海葵捕食剩下的残渣，这也是在帮助海葵清理身体。

眼斑双锯鱼（公子小丑鱼）	
体长	约 11 厘米
食性	杂食性
分类	鲈形目雀鲷科
特征	身体橘黄色，有白色的斑纹

91

蝴蝶鱼

蝴蝶鱼广泛分布于世界各温带和热带海域,大多数生活在印度洋和西太平洋地区。蝴蝶鱼体形较小,是一种中小型的鱼,其特征是在身体的后部长有一个眼睛形状的斑点。蝴蝶鱼大多有着绚丽的颜色,有趣的是,它们的体色会随着成长而发生变化,即使是同一种蝴蝶鱼,幼年和成年的时候也"判若两鱼"。

蝴蝶鱼一般在白天出来活动,寻找食物、交配,到了晚上就会躲起来休息。它们行动迅速,胆子小,受到惊吓会迅速躲进珊瑚礁中。蝴蝶鱼的食性变化很大,有的从礁岩表面捕食小型无脊椎动物和藻类,有的以浮游生物为食,有的则非常挑食,只吃活的珊瑚虫。

三间火箭蝶	
体长	约 20 厘米
食性	肉食性
分类	鲈形目蝴蝶鱼科
特征	身体上有橙黄色的条纹,后部有一个黑色斑点

蝴蝶鱼的恋爱史

蝴蝶鱼不像其他鱼那样成群结队地求偶,它们很专注,通常都是一对一地求偶。体形较大的雄鱼会引诱雌鱼离开海底,然后雄鱼会用自己的头和吻部去碰触雌鱼的腹部,再一起游向海面,在海面排卵、受精,然后再返回海底。受精卵一天半左右就可以孵化,但初生的幼鱼需要在海上漂浮一段时间才会回到海底的家。

在哪儿能看见蝴蝶鱼

蝴蝶鱼生活在热带到温带水域的海洋中,有时也可以在半咸水的河口或封闭的港湾见到它们。它们喜欢沿着岩礁陡坡游动,在海中,我们也常常会在浅水处的珊瑚礁附近见到它们,还有一些会出现在200米以下的深水中。蝴蝶鱼的幼鱼和成鱼常常活动在不同的区域,一些研究学者认为,蝴蝶鱼原来很可能是生活在海洋表层的鱼而并非珊瑚礁鱼。

蓝鲸

在广阔的海洋里生活着一种体形巨大的动物，它们就是蓝鲸！蓝鲸是地球上体形最巨大的动物，体重可达200吨，是这世界上当之无愧的巨无霸！非常幸运的是，体形庞大的它们生活在海里，浮力可以让它们不用像陆地动物那样费力地支撑自己的体重。蓝鲸全身体表均呈淡蓝色或鼠灰色，背部有淡色的细碎斑纹，胸部有白色的斑点，这在海中是很好的保护色。蓝鲸喜欢在温暖海水与寒冷海水的交界处活动，因为那里有丰富的浮游生物和磷虾。蓝鲸的胃口极大，好在它们需要的食物是数量众多的磷虾，偶尔还吃一些小鱼、水母等换换胃口。它们每天要吃掉4～8吨的食物，如果腹中的食物少于2吨，就会有饥饿的感觉。

谁才是世界上最大的鲸

　　蓝鲸是世界上最大的鲸，也是世界上现存最大的动物。蓝鲸到底有多大呢？它们的体长大约30米，有3辆公共汽车连起来那么长。它们身体里装着小汽车一样大的心脏，舌头上能够站50个人，就连刚生下来的幼鲸都比一头成年大象还要重！

94

蓝鲸	
体长	约 3000 厘米
食性	肉食性
分类	鲸目鳁鲸科
特征	身体非常巨大，是世界上最大的动物

虎鲸

虎鲸也叫"逆戟鲸"或者"杀人鲸"，它们黑色的身体上有着白色的花纹。这种鲸类是海洋中当之无愧的顶级掠食者，就连凶猛的大白鲨偶尔也会成为它们的猎物。虎鲸的头部呈圆锥状，牙齿锋利，企鹅、海豚、海豹等动物都能成为它们攻击的对象。

虎鲸生活在一个高度社会化的母系社会中，在群体中总有一头年长的雌鲸居于领导地位，这让它们一辈子都生活在母性的光辉中，因此虎鲸们具有非常稳定的母子关系，一般不会发生离群的现象，只有受伤或者迷路时才会出现孤鲸。雌鲸的寿命大概在85年，雄鲸就没有那么长寿了，大概能活55年，不过这在动物界已经算是长寿的了。

鲸鱼中的"语言大师"

虎鲸被认为是鲸类中的"语言大师"，虽然它们不能像座头鲸那样发出美妙的歌声，但是却能发出62种不同的声音，这些声音包含不同的意义，它们可以利用这些声音来互相沟通。在捕食时它们会发出一种类似拉扯生锈铁门时发出的声音，其他鱼听到这个声音都会吓得魂飞魄散，行动异常，最终成为虎鲸的盘中餐。

虎鲸的狩猎指南

虎鲸会成群结队地捕猎，聪明的虎鲸们有自己的语言，会利用超声波相互沟通，研究捕食策略。它们也懂得分享，常常会见到虎鲸群合力将鱼群集中成一个球形，然后轮流钻进去取食。虎鲸还会装死，它们一动不动地浮在海面上，当有乌贼、海鸟、海兽等接近它们的时候，就突然翻过身来，张开大嘴进行捕食，有时也会用尾巴将猎物击晕再食用。

虎鲸	
体长	约 1000 厘米
食性	肉食性
分类	鲸目海豚科
特征	头上有两块白色像眼睛的斑纹

海豚

海豚是大海中善良的象征，在人们的心目中，海豚就像孩子一样可爱，脸上总是带着温柔的笑容。在海洋生物中，海豚可以说是人气最高、最受欢迎的一种了，它们是海洋中智力最高的动物，有着非常强大的学习能力，像人类一样成群生活在一起，还能发展出从十几条到上百条的大规模族群，族群里有时候甚至还会混进其他种类的海豚或者鲸。海豚甚至还会使用工具，它们会互相帮助，如果一只海豚受伤昏迷了，其他海豚会一起保护它。

宽吻海豚	
体长	200 ~ 400 厘米
食性	肉食性
分类	鲸目海豚科
特征	身体呈流线型，表情看上去像是在微笑

海豚的智商有多高

在海洋馆里，我们经常看到海豚做出各种各样的高难度动作，这足以证明海豚是高智商的海洋动物。海豚的脑部非常发达，不但大而且重，大脑中的神经分布相当复杂，大脑皮质的褶皱数量甚至比人类还多，这说明它们的记忆容量和信息处理能力都与灵长类不相上下。

龙虾

在热带、亚热带珊瑚和礁石丰富的海域，生活着各种美丽的生物，其中最威武的，可能就要数龙虾了。龙虾们披着坚硬的外壳，头上挥舞着两条长长的带刺的触角，仿佛在向其他生物示威。当遇到危险的时候，它们会通过触角与外骨骼之间摩擦发出一种尖锐的摩擦音来把对手吓走。龙虾的泳足除了可以游泳还可以用来保护自己的卵，雌性龙虾的腹部可以携带100万颗卵。龙虾的成长需要经历数次蜕皮的过程，生长周期在10年以上。

棘刺龙虾	
体长	约60厘米
食性	肉食性
分类	十足目龙虾科
特征	身体表面有小刺，触角又粗又长

龙虾的日常生活

龙虾只喜欢在夜间活动，它们喜欢群居，有时会成群结队地在海底迁徙。它们大多数时候并不活泼，很安静，喜欢藏身于礁石和珊瑚丛里，有猎物经过的时候才会扑出来捕食。龙虾的食物以贝类和螺类为主。

历尽艰辛的成长历程

龙虾从卵孵化之后，叫作叶形幼体。经过十多次的蜕皮，它们才会告别叶形幼体的状态，变成小小的龙虾模样。这个简单的蜕变要经历10个月的漫长时光，这时的幼虾体长约3厘米，整个身体看上去像是透明的。它还要经历数次蜕皮，每年体长会增长3~5厘米，从幼虾长到成年龙虾大约需要10年的时间。这是一个相当长的成长周期。

章鱼

在危机四伏的海洋世界里，想要生存下去可不是一件容易的事。章鱼家族凭借着它们独特的聪明头脑在海底悠闲地生活着。章鱼是海洋中的一类软体动物，它们的身体呈卵圆形，头上长着大大的眼睛，最特别的是头上生出8条可以伸缩的腕，每条腕上都有两排肉乎乎的吸盘，这些吸盘能够帮助它们爬行、捕猎以及抓住其他东西。章鱼身为软体动物，浑身上下最硬的地方就是牙齿了，它们口中有一对尖锐的角质腭及锉状的齿舌，可以钻破贝壳取食其肉。除了贝壳，它们也吃虾、蟹等。

章鱼的墨汁

为了逃避天敌的追杀，动物们的逃跑技能可谓五花八门。章鱼将水吸入外套膜用来呼吸，在受到惊吓时它们会从体管喷出一股强劲的水流，帮助其快速逃离。如果遇到危险，它们还会喷出类似墨汁颜色的物质，就像是扔了个烟幕弹，用来迷惑敌人。有些种类的章鱼喷出的墨汁还带有麻痹作用，能够麻痹敌人的感觉器官，自己则趁机逃跑。

令人吃惊的高智商

章鱼有三个心脏与两个记忆系统。其中一个记忆系统掌控大脑，另一个与吸盘相连。它们复杂的大脑中有5亿个神经元，身上还具备许多敏感的感受器，这些复杂的构造使章鱼具备高于其他动物的智商。经过试验研究发现，章鱼具有独自学习的能力，还具备独自解决复杂问题的思维。作为一种无脊椎动物，章鱼的智商令人十分吃惊。

章鱼	
体长	大小不一
食性	肉食性
分类	八腕目章鱼科
特征	有 8 条腕，头部有比较大的眼睛

水母

水母属于刺胞动物门，是一种古老的生物，早在约6.5亿年前就已经存在于地球上了。水母遍布于世界各地的海洋之中，比恐龙出现得还要早。水母通体透明，主要成分是水。它们的外形就像一把透明的伞，根据种类不同，伞状的头部直径最长可达2米。头部边缘长有一排须状的触手，触手最长可达30米。水母透明的身体由两层胚体组成，中间填充着很厚的中胶层，让身体能够在水中漂浮。它们在游动时，体内会喷出水来，利用喷水的力量前进。有些水母带有花纹，在蓝色海洋的映衬下，就像穿着各式各样的漂亮裙子，在水中跳着优美的舞蹈，灵动又美丽。

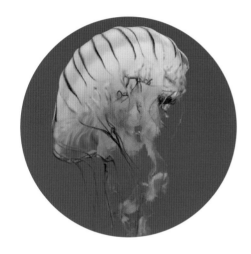

水母	
体长	大小不一
食性	肉食性
分类	钵水母纲水母亚门
特征	身体分为伞部和口腕部两个部分

软绵绵没有牙齿，水母吃什么

水母属于肉食性动物，主要以水中的小型生物为食，如小型甲壳类、多毛类或小的鱼。水母虽然长得温柔，但是发现猎物后，从来不会手下留情。它们伸长触手并放出丝囊将猎物缠绕、麻痹，然后送进口中。水母口中分泌的黏液可以将食物送进胃腔，胃腔中有大量的刺细胞和腺细胞，它们将猎物杀死并消化，消化后的营养物质通过各种管道送到全身，未消化的食物残渣从口排出。

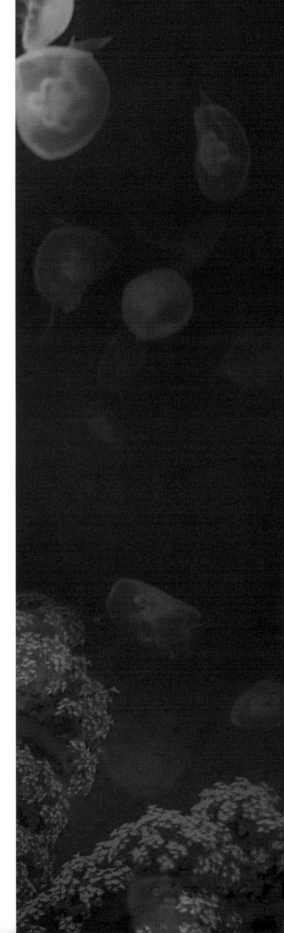

珊瑚

珊瑚是海底常见的生物，也是被人们所熟知的海底生物之一，常存在于海底。珊瑚形态多呈树枝状，上面有纵条纹，每个单体珊瑚横断面有同心圆状和放射状条纹，颜色一般呈白色，也有少量蓝色和黑色。珊瑚不仅颜色鲜艳美丽，还可以做装饰品，珊瑚是幼体的珊瑚虫所分泌出的外壳，常以集合体的形式出现。

珊瑚	
体长	大小不一
食性	杂食性
分类	珊瑚纲珊瑚目
特征	单个珊瑚形状像树枝一样，颜色一般为白色

喜爱高温度

珊瑚喜爱温度在20℃以上的地区，所以常分布于赤道附近的地区的海底的一两百米内。因为它是无脊椎动物，所以珊瑚喜欢在接近热带的海洋里自由漂摇。

利用价值高

由于珊瑚有非常好看的外表以及鲜艳的颜色，所以经常被用于工艺品以及装饰品的加工。不仅如此，珊瑚有着很高的药物利用价值，可以作为药物的原材料，治疗疾病，其药物利用价值无可取代。

两栖和爬行动物

Liangqi he Paxing Dongwu

墨西哥钝口螈

野生墨西哥钝口螈分布在墨西哥，它们有光滑的身体和三对明显的外鳃，宽大的脑袋上长了两个小眼睛，很是可爱。这种两栖类的小精灵姿态优美，表情天真，呆呆的样子很惹人喜爱，于是它就成了宠物界的小明星。那些漂亮的白色墨西哥钝口螈都是饲养者精心选育的结果，其实野生的墨西哥钝口螈很少有白色的体色。1863年，有一只白化的雄性钝口螈被运到巴黎植物园，它就是如今所有白化品种的老祖宗了。还有一些白化的变种，都是通过和白化虎蝾螈杂交而来。迄今为止，人们已经培育出了许多种颜色和花纹的墨西哥钝口螈。

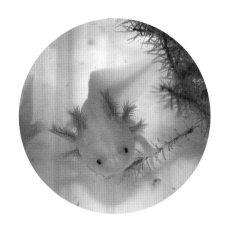

不想长大的钝口螈

通常情况下两栖类动物会经历一次完全变态的过程，它们在幼年时就像蝌蚪一样在水中生活，这个时期的它们具备外鳃，用外鳃在水中呼吸。经过一段时间的发育，外鳃消失，形成内鳃，再经过一段时间，逐渐长出四肢，肺也发育完全，最后用肺代替鳃呼吸，登上陆地生活。而墨西哥钝口螈是一种特殊的存在，它们不具备变态过程，外鳃也不会退化消失，更不会离开水生活，它们具有幼态延续的特征。

墨西哥钝口螈	
体长	25 ~ 30 厘米
食性	杂食性
分类	有尾目钝口螈科
特征	头两侧有三对鳃，肢和足甚小，但尾很长

箭毒蛙

箭毒蛙绝对是这个世界上奇特的存在。它们外表美丽却身怀剧毒，披着色彩艳丽的衣裳，似乎在炫耀自己的美丽，又仿佛在述说着自己的可怕。除了人类以外，箭毒蛙几乎再没有别的敌人。自然界中的食物是箭毒蛙毒性的主要来源，例如毒树皮或者毒昆虫，毒蜘蛛也是其中之一。食物中的毒性会被箭毒蛙吸收并转化为自身的毒液，所以野生箭毒蛙的毒性是很强的。

小身体，大毒素

箭毒蛙的体形相对较小，一般都不超过5厘米，但是身上的毒素却不容小觑。曾有科学家在南美研究箭毒蛙的时候，亲身感受到了箭毒蛙的厉害。当时他在丛林里解剖一只小小的箭毒蛙，不小心划破了手指。他赶快处理伤口，阻断血液循环并排出毒血，但仍感到胸口很闷，觉得自己就要死了。经过了两小时，他才慢慢有了好转。好在处理得及时，不然真的会有生命危险。

双亲抚育策略

世界上的任何一种生物都摆脱不了一项艰巨的使命，那就是繁衍后代。在漫长的演化过程中，不同的物种形成了适合自己的繁衍模式，这使它们生生不息地生存在大自然中。箭毒蛙也形成了独具特色的亲代抚育策略，它们是称职的父母，不像其他蛙类那样产下大量的卵后就扬长而去。箭毒蛙是不会抛弃自己的后代不管的，并由雌雄双方共同抚育，一夫一妻制的配偶关系会持续整个繁殖期。

草莓箭毒蛙	
体长	15 ~ 22 毫米
食性	肉食性
分类	无尾目箭毒蛙科
特征	身体呈艳丽的红色和黄色，腿部为钴蓝色

眼镜蛇

眼镜蛇是长相恐怖又带有毒素的生物，让人又惧又怕。眼镜蛇是其中最让人感到恐怖的毒蛇。眼镜蛇分布较广，在热带和亚热带区域至少生存着25种眼镜蛇，其中有10种可以直接向猎物眼睛中喷射毒液，导致猎物失明，绝对是丛林中最凶狠的捕猎者。

眼镜蛇上颌骨较短，前端具有沟牙，能够喷射毒液。即使牙齿被拔掉，也会重新长出来。它们喜欢生活在平原、丘陵、山区的灌木丛或竹林里，也会出现在住宅区附近。它们的食性很广泛，蛇、蛙、鱼、鸟都是它们捕食的对象。

致命的眼镜蛇

眼镜蛇具有可怕的毒素，让人感到非常恐惧。眼镜蛇每次释放毒素之前都会做出很明显的动作。它们会将身体前段竖立起来，同时收紧颈部，使两侧颈部膨胀，并且发出"呼呼"的声音。眼镜蛇咬住猎物，它们会从牙齿注射毒液，麻痹猎物的神经系统，使猎物马上毙命。

蛇蜕是什么

蛇蜕就是蛇在蜕皮时脱下的皮。这种自然蜕皮的能力被人们神化，人们认为这相当于一次重生。在蜕皮时，蛇的外层皮肤会脱落，留下一层薄薄的蛇蜕，蛇蜕上面还可以清晰地看到鳞片的印记。蜕皮后的眼镜蛇浑身泛光，就像擦了一层油。进行一次蜕皮之后，在短期都不会再次蜕皮，直到受到化学或者其他生理因素的影响才会再次蜕皮。

舟山眼镜蛇	
体长	100 ~ 200 厘米
食性	肉食性
分类	有鳞目眼镜蛇科
特征	颈部的肋骨可以张开形成一个类似扇子的结构，上面有类似眼镜的花纹

响尾蛇

在沙漠中那些被风吹过的松沙地区，常常会听到"沙沙"的声音，那也许不是沙子的声音，而是响尾蛇在附近游荡。响尾蛇的尾部通过振荡可以发出响亮的声音，因为这样它们被人们称为响尾蛇。响尾蛇的大小不一，主要分布在加拿大至南美洲一带的干旱地区。它们主要以其他小型啮齿类动物为食，是沙漠中可怕的杀手。响尾蛇的毒素可以致命，即使是死去的响尾蛇也同样存在危险。响尾蛇有时也会攻击人类，美国是遭受响尾蛇攻击人数最多的国家。人们因为对它进行屠杀，简单地屠杀不是最好的办法，而是应该加强对响尾蛇的研究与保护。

菱背响尾蛇	
体长	超过 200 厘米
食性	肉食性
分类	有鳞目蝰蛇科
特征	尾巴上有一个能发出声音的角质环，背部有菱形花纹

会发声的尾巴

响尾蛇的尾巴是自身的警报系统，当危险来临，响尾蛇的尾部会发出"沙沙"的响声，那是大自然中最原始的声音。它们尾巴的尖端长着一种角质环，环内部中空，就像是一个空气振荡器，当它们不断摆动尾巴的时候就会发出响声，这样摆动尾巴并不会消耗它们很多的体力。

毒液

所有的响尾蛇都有毒，但是它们的毒液不会对它们自身造成伤害，即使咽下去，也不会中毒。不过在其他动物身上就没有那么幸运了，响尾蛇的毒性很强，它们属于管牙类毒蛇，主要通过牙齿注射毒素。被注入毒液的猎物很快就会晕厥、死亡。

巨蜥

水母属于刺胞动物门，是一种古老的生物，早在6.5亿年前就已经存在于地球上了。水母遍布于世界各地的海洋之中，比恐龙出现得还要早。水母通体透明，主要成分是水。它们的外形就像一把透明的伞，根据种类不同，伞状的头部直径最长可达2米。头部边缘长有一排须状的触手，触手最长可达30米。水母透明的身体由两层胚体组成，中间填充着很厚的中胶层，让身体能够在水中漂浮。它们在游动时，体内会喷出水来，利用喷水的力量前进。有些水母带有花纹，在蓝色海洋的映衬下，就像穿着各式各样的漂亮裙子，在水中跳着优美的舞蹈，灵动又美丽。

尼罗巨蜥	
体长	120 ~ 300 厘米
食性	肉食性
分类	蜥蜴目巨蜥科
特征	身上有黄色的纹路，性情凶猛

巨蜥之毒

大多数的蜥蜴并没有什么危险性，它们宁愿避开人类自己躲起来。但是如果不幸遇到了巨蜥，那就真的要小心了，被巨蜥咬伤不仅会失血过多还会中毒。巨蜥的口腔中有很多毒素，科学家曾在科莫多巨蜥的唾液中发现57种细菌。在被巨蜥咬伤时，它们口腔中的毒素会释放出来，被咬伤者会感染致命的细菌。

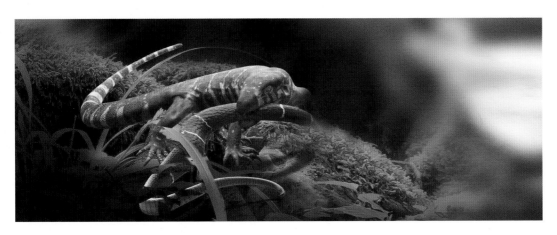

壁虎

壁虎为了逃生会挣断自己的尾巴，那并不是在自寻死路，而是在保护自己。壁虎是蜥蜴目中的一种，它们又被称作"守宫""四脚蛇"等。它们的皮肤上排列着粒鳞，脚趾下方的皮肤带有黏性，可以贴在墙壁或者天花板上迅速爬行。它们喜欢生活在温暖的地区，广泛分布于热带和亚热带的国家和地区，在人们居住的地方总能见到它们的踪影。壁虎属于变温动物，冬季要躲起来冬眠，不然就会死去。壁虎经常昼伏夜出，白天在墙壁的缝隙中躲起来，晚上才出来活动，主要捕食蚊、蝇、飞蛾和蜘蛛等，绝对是有益无害的小动物。

小小的"肉垫"

壁虎有五个脚趾，每个脚趾下面都有一个"肉垫""肉垫"由成千上万根刚毛组成，刚毛的顶端带有上百个毛茸茸的"小刷子"，有强大的吸附力。壁虎在墙壁上的每一步都是靠着脚下的"肉垫"行走，据说壁虎脚上的吸附力能够抓起自身重量上百倍的重物。

有毒的皮肤

中华大蟾蜍全身呈深褐色，皮肤表面布满了疣粒，非常粗糙，让人看了以后不愿意接近。它们是民间所说的"五毒"之一，耳朵后部长着一对耳后腺，那是它们分泌毒液的地方，它们的皮肤腺也可以分泌毒液。其毒性直达心脏和神经系统，可致命。虽然中华大蟾蜍身带可怕的剧毒，但是它们性情温和，是不会随便放毒的。

大壁虎	
体长	约 35 厘米
食性	肉食性
分类	蜥蜴目壁虎科
特征	足部有类似吸盘的结构,身上有红色和浅蓝色的斑点

121

变色龙

大自然的奇妙让我们不止一次地发出感叹。在撒哈拉以南的非洲和马达加斯加岛上生活着变色龙这种神奇的生物。它们可以通过调节皮肤表面的纳米晶体，来改变光的折射从而改变身体表面的颜色，变色的技能可以让它们在不同环境下伪装自己。变色龙的身体呈长筒状，有个三角形的头，长长的尾巴在身体后方卷曲着。它们是树栖动物，卷曲的尾巴可以缠绕在树枝上。变色龙主要捕食各种昆虫，长长的带有黏液的舌头是它们捕食的利器，舌尖上产生的强大吸力几乎没有一种昆虫能够成功逃脱。变色龙的性格孤僻，除了繁殖期以外都是单独生活。

会变色的伪装高手

变色龙可以随心所欲地变色，这是让它们最为骄傲的一项绝活。它们皮肤最初的颜色是绿色的，但它们可以将体色变成紫色、蓝色、褐色等，甚至多种颜色同时出现。它们的颜色可以随着环境、温度、心情的变化而变化，它们的这项伪装技能与其他动物的保护色一样，都是为了保护自己免遭袭击，能够在危险时刻安全地生存下来。

特殊的技能

变色龙除了大家熟知的变色技能，还有动眼神功和吐舌绝活。变色龙的两只眼睛分布在头部两侧，眼睑发达，眼球能够分别转动360°，当它们左眼固定在一个方向时，右眼却可以环顾四面八方。它们的舌头很长，以至于在嘴里不能伸展，只能盘卷着。卷曲的舌头是它们捕猎的法宝，当猎物出现时，它们能够第一时间弹出自己的舌头，迅速将猎物卷进嘴里。

高冠变色龙	
体长	最长可达 60 厘米
食性	肉食性
分类	蜥蜴目避役科
特征	头部有一个比较高的骨冠

123

陆龟

人们通常认为乌龟是既能在海里游又能在陆上走的动物，大多数的乌龟的确是这样的。但也有一个特殊的群体，它们是不会游泳只生活在陆地上的乌龟——陆龟。大多数陆龟的背甲又高又圆，像一个圆圆的帽子罩在它们身上。它们的腿很粗壮，看上去很有力量，但是，它们的行动却是比较缓慢的。陆龟是完全陆栖性龟类，最大的特点是不会游泳。它们也是需要水的，可以在非常浅的水中喝水和洗澡。

不会游泳的乌龟

陆龟和会游泳的水龟的区别非常明显，从外观就可以分辨。会游泳的水龟大多数具有扁平的背甲，四肢像鳍一样薄扁或者细长。陆龟的四肢是粗壮的圆柱体，前肢上覆盖着硬硬的鳞片。脚趾很短，并且趾间没有蹼。这样的身体结构特征决定了陆龟不会游泳，因为它们粗壮的四肢即使在陆地上，也是比较笨重的，根本无法在水里自由地滑动。但这绝不代表陆龟是不需要水分的，即使它们能忍受长期的干旱，也是因为它们从食物中摄取到了水分。在水的高度不超过它们身体时，陆龟也会在水里洗澡和休息。

陆龟	
体长	十几厘米到一米以上不等
食性	植食性
分类	龟鳖目陆龟科
特征	四肢粗壮，背壳高凸

红耳龟

红耳龟，全名巴西红耳龟，也叫"巴西龟"，是一种水栖性龟类。被叫作红耳龟并不是因为它们长着红色的耳朵，而是因为在它们头颈后方有两条对称的红色粗条纹，看上去就像红耳朵一样，这也是红耳龟最明显的特征。红耳龟刚出生时很小。当它们长到一定的体重时，可以根据体重的不同来分辨它们的性别。通常情况下，体重较重的是雌性龟，体重较轻的是雄性龟，雌性龟的体重一般是雄性龟体重的2～4倍。

对生态的危害

在新的环境中，红耳龟会掠夺其他生物的生存资源，与新环境中的本土龟类争夺食物和栖息场所，排挤和挤压本土龟的生存空间。很多新环境中的本土龟生存能力和繁殖能力比红耳龟差很多，数量会逐渐减少，而红耳龟因为没有天敌的制衡数量会越来越多，破坏当地的生态平衡。它们还是"沙门氏杆菌"的传播者，这种病菌会传染给猫、狗等恒温动物，也会传染给人类。

红耳龟	
体长	15 ～ 30 厘米
食性	杂食性
分类	龟鳖目泽龟科
特征	头颈后方有两条对称的红色粗条纹

扬子鳄

扬子鳄属于短吻鳄，是鳄鱼中体形较小的一种。它们大多数体长不超过2米，头部比较扁平，四肢粗短，尾巴上面长有硬鳞。扬子鳄是中国特有的鳄鱼，栖息在长江流域。因为它们栖息的长江下游河段旧称为"扬子江"，所以它们被称为扬子鳄。扬子鳄喜欢栖息在湖泊、沼泽或杂草丛生的安静地带，通常白天在洞穴里休息，夜晚才会出来捕食。

我国国宝

扬子鳄是我国特有的鳄鱼，也是中国唯一的本土鳄鱼种类。它们性情温顺，极少攻击人类，在生存范围内，天敌很少，但是温顺的性格却让它们成了捕猎者的目标，因此扬子鳄的数量减少了许多。现在，它们已经被我国列为国家一级保护动物，和大熊猫一样是我国的国宝。

扬子鳄的生活习性

扬子鳄喜欢生活在洞穴之中，它们有着超强的挖洞本领，常常在有需要的时候就挖一个洞口出去，所以它们的洞穴会有多个洞口，洞穴的内部构造像迷宫一样。虽然扬子鳄的体形较小，但是它们的食量却很大。它们忍耐饥饿的能力很强，常常在体内储存大量的营养物质，可以维持很长时间不吃东西。

扬子鳄	
体长	90 ~ 180 厘米
食性	肉食性
分类	鳄形目鳄科
特征	体形较小，四肢短粗

湾鳄

湾鳄是目前世界上最大的鳄鱼，因为生活在红树林和海岸附近，所以又被叫作"咸水鳄"。成年的湾鳄一般长3~7米，体重超过1600千克。湾鳄体形巨大，四肢粗壮，常常埋伏在水里，不容易被发现。一旦有它们捕猎的目标靠近时，它们会趁其不备，从水里蹿出来，非常迅速地咬住猎物，然后慢慢地享受自己的战利品。一般被湾鳄捕食的小动物，都难逃被吃掉的命运。

湾鳄的宝贵价值

湾鳄虽然长得庞大凶狠，但是它们是一种很有价值的动物。湾鳄的皮，堪称皮革中的"铂金"，由于质量好，纹路漂亮，常常被人们用于制作皮包。湾鳄的肉，营养价值极高，很利于人们的滋补和保养。由于肉用和皮革制品的需求，现在人工养殖的湾鳄数量越来越多，特别在东南亚的一些国家，尤其盛行饲养湾鳄。

湾鳄	
体长	300 ~ 700 厘米
食性	肉食性
分类	鳄形目鳄科
特征	凶猛、庞大、咬合力强